AF403599

Statistique des vaccinations

au moyen de la culture atténuée du microbe

de la fièvre jaune, pendant le paroxysme épidémique

de 1889—1890

Cinquième statistique

par le

DR. DOMINGOS FREIRE

Professeur de chimie organique et biologique à la faculté de médecine de Rio de Janeiro, membre du collège médico-chirurgical de Philadelphie etc.

Berlin

DRUCK UND VERLAG VON IMBERG & LEFSON

1891.

Statistique des vaccinations

au moyen de la culture atténuée du microbe

de la fièvre jaune, pendant le paroxysme épidémique

de 1889—1890

Cinquième statistique

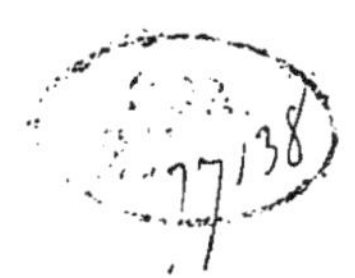

par le

DR. DOMINGOS FREIRE

Professeur de chimie organique et biologique à la faculté de médecine de Rio de Janeiro, membre du collège médico-chirurgical de Philadelphie etc.

Berlin

DRUCK UND VERLAG VON IMBERG & LEFSON

1891.

DÉDICACE.

A la mémoire du général Benjamin Constant Botelho de Magalhaens, Ministre de l'Instruction publique, postes et télégraphes de la République des États-Unis du Brésil, dont il a été un des glorieux fondateurs, je dédie le présent opuscule.

C'est à ce savant distingué, à ce grand patriote, que je dois l'avis, créant sous les auspices de l'État un institut, destiné à la préparation du virus atténué de la fièvre jaune.

Le sort ne m'a pas permis de lui rendre cet hommage pendant sa vie si prématurément enlevée. Que les battements de mon cœur reconnaissant restent gravés sur cette première page, tribut de ma profonde gratitude envers lui.

BERLIN, le 15. Février, 1891.

Domingos Freire.

AVANT-PROPOS.

J'ai l'honneur de présenter pour la cinquième fois le résultat statistique des inoculations préventives au moyen des cultures atténuées du microbe de la fièvre jaune. Les informations que contient cette brochure, se rapportent au paroxysme épidémique manifesté dans la période 1889—1890.

En outre, je donne à la fin un résumé concret sur le résultat général des vaccinations pratiquées depuis 1883 jusqu'ici.

J'ai le plaisir d'annoncer à mes lecteurs que le gouvernement de mon pays vient de publier un arrêté (No. 2428 du 19 Décembre 1890) autorisant la fondation d'un institut, destiné à la préparation du virus atténué de la fièvre jaune, ainsi qu'aux recherches sur les maladies infectieuses en général. En même temps il a renouvelé l'arrêté du 9 Novembre 1883 me donnant la permission d'inviter par les journaux, tous ceux qui voudront s'utiliser de mon moyen prophylactique.

Ainsi donc, je compte que cette protection officielle satisfera bientôt toutes mes aspirations humanitaires, c'est-à-dire, l'extinction de l'affreux fléau au moyen de la propagation des inoculations préventives.

Le virus atténué sera préparé en large échelle par les auxiliaires habiles, qui ont accompagné mes travaux jusqu'à l'heure qu'il est. Le gouvernement a alloué une somme pour les frais de l'établissement et l'achat des appareils nécessaires à son installation.

Je dois donc féliciter tous les bons amis qui n'ont jamais cessé de m'encourager, en combattant avec autant d'ardeur que moi même en faveur de la croisade, que j'ai entreprise il y a déjà 10 ans.

A tous une sincère poignée de mains.

BERLIN, le 14. Février 1891.

D. F.

A S. Ex.

Mr. le Ministre de l'Intérieur de la République

des États-Unis du Brésil.

Mr. le Ministre!

Je me crois engagé, en vertu de l'avis No. 2428 du
19. Décembre 1890, à vous renseigner dorénavant sur tous les faits
relatifs à l'emploi du virus atténué de la fièvre jaune. J'accomplis
volontiers ce nouveau devoir, en ayant l'honneur de vous remettre
la 5. me statistique des vaccinations anti-amarilles, avec un résumé
des résultats obtenus jusqu' aujour-d'hui.

J'ose espérer que votre esprit éclairé saura prêter toute son
attention à un sujet d'une si haute portée pour notre pays et
l'humanité en général.

Agréez, Mr. le Ministre, l'assurance de mes sentiments les
plus distingués.

BERLIN, le 15. Mars 1891.

Dr. Domingos José Freire.

CAPITALE FÉDÉRALE.
RIO JANEIRO.

La mortalité par fièvre jaune pendant la période du 1er juillet 1889 au 30. juin 1890, a été la suivante dans la ville de Rio Janeiro:

ANNÉE 1889.

Mois de Juillet 21
    (4 Brésiliens, 17 étrangers).

Mois de Août 14
    (1 Brésilien, 13 étrangers).

Mois de Septembre 8
    (2 Brésiliens, 5 étrangers. Les régistres n'indiquent pas la nationalité d'un des morts).

Mois d'octobre 8
    (1 Brésilien, 6 étrangers. Même observation par rapport à un des morts).

Mois de Novembre 9
    (1 Brésilien, 8 étrangers).

Mois de Décembre 20
    (7 Brésiliens, 13 étrangers).

ANNÉE 1890.

Mois de Janvier 57
    (8 Brésiliens, 49 étrangers).

Mois de Février 102
    (7 Brésiliens, 89 étrangers. Les régistres ne déclarent pas la nationalité de 6 morts).

Mois de Mars 170
    (18 Brésiliens, 149 étrangers. Il manque d'indication sur le régistre par rapport à la nationalité de 3 individus).

Mois d'avril 166
    (12 Brésiliens, 150 étrangers. Il manque l'indication de 4).

Mois de Mai 108
    (10 Brésiliens, 96 étrangers. Sans déclaration de nationalité 2).

Mois de Juin 38
    2 Brésiliens, 35 étrangers. Sans déclaration de nationalité 1.)

D'après cet exposé, on voit que les mois où la mortalité a été la plus grande, ont été ceux de Février, Mars, Avril et Mai; (une moyenne de 136 décès pour chaque mois, tandis que la moyenne depuis Juillet 1889 jusqu' à Janvier 1890, a été de 19 décès mensuels).

Le maximum de la mortalité a été vers les mois de Mars et Avril (170 et 166 décès); le minimum est tombé vers les mois de Septembre, Octobre et Novembre (8, 8, 9 décès).

De Novembre à Décembre le quotient de la mortalité a été de $\dfrac{20}{9} = 2,22$, c'est-à-dire que le mortalité a doublé. De Décembre à Janvier le quotient a été $\dfrac{57}{20} = 2,85$, c'est-à-dire que le chiffre des décès a triplé.

Quotient de Janvier à Février $\dfrac{102}{57} = 1,78$, (rapport double).

Quotient de Février à Mars $\dfrac{170}{102} = 1,6$ (légère augmentation).

De Mars à Avril le chiffre de la mortalité ne montre presque pas de variation.

Le quotient d'Avril à Mai est de $\dfrac{186}{108} = 1,5$, (déclinaison de l'épidémie, différence de 78 décès en moins).

Le quotient entre Mai et Juin est de $\dfrac{108}{38} = 2,84$ (trois fois moins de décès). Ce mois marque l'extinction de l'épidémie.

RÉSUMÉ.

Total des décés du 1er Juillet 1889 au 30. Juin 1890 . 721

NATIONALITÉS.		AGES.	
Brésiliens	73	Jusqu' à 10 ans . . .	35
Étrangers	630	de 11 à 20 ,, . . .	196
Ignoré	18	de 21 à 30 ,, . . .	276
	721	de 31 à 40 ,, . . .	135
		de 41 à 50 ,, . . .	54
		de 51 à 60 ,, . . .	13
SEXES.		de 61 à 70 ,, . . .	2
Masculin	632	de 71 à 80 ,, . . .	0
Féminin	89	de 81 à 90 ,, . . .	1
	721	Age ignoré	9
			721

Le maximum de la mortalité oscille donc entre 11 et 40 ans.

DISTRIBUTION DES MORTS ÉTRANGERS PAR NATIONALITÉS.

Portugais	346	Transport	612
Italiens	88	Turcs	3
Espagnols	87	Arabes	3
Anglais	26	Judée	2
Français	25	Suédois	2
Allemands	13	Roumains	2
Américains du Nord	7	Grecs	2
Belges	6	Suisses	1
Autrichiens	5	Danois	1
Norvégiens	5	Japonais	1
Russes	4	Argentin	1
Latus	**612**	**Total**	**630**

VACCINATIONS.

Vaccinations pratiqués 97, dont 71 sur des individus du sexe masculin.

NATIONALITÉS.

1. Etrangers.		2. Brésiliens.	
Portugais	31	Etat de Minas-Geraes	16
Espagnols	7	,, ,, St. Paul	7
Français	2	,, ,, Rio Grande du Sud	8
Russe	1	,, ,, Pernambuco	1
		,, ,, Parabyba	2
		,, ,, Paranà	1
Total	**41**	,, ,, Rio Janeiro	21
		Total	**56**

Il faut remarquer qui les personnes venant de province et ayant un court séjour à Rio sont aussi receptibles que les étrangers eux mêmes. Dans ce cas se trouvent tous les 56 distribués ci dessus, à l'exception de quelques uns à peine, ainsique nous allons montrer dans la relation qui suit:

Temps de séjour à Rio des étrangers et des personnes venant de province.

De quelques jours à 6 mois	63
de 6 mois à 1 an	7
de 1 an à 3 ans	3
de 3 ans à 5 ans	3
	76

Temps de séjour non déclaré, se rapportant à des personnes nées même à Rio 21

97

AGES.

De 1 an à 13 ans 27
  ,, 14 ans à 20 ans . . . 36
  ,, 21 ,, à 30 ,, . . . 21
  ,, 31 ,, à 40 ,, . . . 8
  ,, 41 ,, à 50 ,, . . . 4
  ,, 51 ,, à 60 ,, . . . 1

Total 97

RÉSIDENCES.

Les vaccinés résidaient tous dans des quartiers où la maladie sévit avec le plus d'intensité, ainsique le démontre le tableau suivant:

Rue Theophilo Ottoni (centre commercial de la ville) . 8 Vaccinés
Rue Vicomte d'Itauna . . . 6 ,,
Rue Comte d'Eu . . . . . 6 ,,
Praia das Palmeiras . . . . 6 ,,
Rue S. Christovam . . . . 4 ,,
Rue d'Ouvidòr . . . . . . 4 ,,
Gloria (Ladeira) . . . . . 4 ,,
Rue Candelaria . . . . . . 4 ,,
Rue Riachuelo . . . . . . 4 ,,
Rue S. Diniz . . . . . . 3 ,,
Rue Gambôa . . . . . . 3 ,,
Rue Imperatriz . . . . . . 3 ,,
Rue S. Pedro . . . . . . 2 ,,
Rue S. Sebastiam (Castello) . 2 ,,
Rue Marquis d'Olinda . . . 2 ,,
Rue Princeza (Cattete) . . . 2 ,,
Rue S. Roberto . . . . . 2 ,,
Rue D. Luiza (Gloria) . . . 2 ,,
Rue Bragança . . . . . . 2 ,,

Somme 69 Vaccinés.

Les 28 restants résidaient dans les rues suivantes: Sacramento, Montalegre, T. S. Sebastiam (Castello), Caldwell, Cassiano (Gloria), Thereza Guimaraens, Volontaires de la Patrie, Quitanda, Hospicio, P. Botatogo, Ajuda, Saude, B. de Guaratiba, R. Espirito Santo, Ourives, Lavradio, S. Salvador, Providencia.

Il n'y a eu qu' un seul insuccès (à la maison Pascoal, rue Ouvidôr), ce qui donne le taux de 1 $^0/_0$ pour la mortalité des vaccinés. Aucun des autres vaccinés n'est tombé malade. Mr. Antonio Nogueira, étudiant en médecine, a bien voulu se charger de copier toutes les données d'après les documents officiels. Mr. le Dr. Joaquim Caminhoà et Mr. Sylvio Moniz, étudiant en médecine, m'ont aidé dans le travail des inoculations.

CAMPINAS.

Bien que l'épidémie de fièvre jaune à Campinas en 1890, n'aie pas sévi avec autant d'intensité que l'année dernière, toutefois les victimes y ont été très nombreuses, et il est de prévoir que le germe du mal y domicilié, continuera à faire chaque année de nouvelles irruptions plus ou moins remarquables.

J'ai chargé Mr. le Dr. Angelo Simoens, qui m'avait déjà rendu de bons services dans la crise antérieure, de vouloir bien inoculer les personnes qui voudraient se prémunir contre le fléau. Une fois fini le paroxysme épidémique, je lui ai adressé quelques questions, aux quelles il m'a répondu de la manière suivante:

1. Quelle a été la mortalité totale par fièvre jaune cette année?

»D'après la lecture des journaux, (dit Mr. Simoens). où vient le régistre des décès de chaque jour, avec la discrimination des maladies, j'ai pu compter les chiffres suivants par rapport à la fièvre jaune:

ANNÉE 1890.

Février . . .	28 décès.
Mars	117 ,,
Avril	96 ,,
Mai	59 ,,
Juin	5 ,,
Total	305 décès.

Ce pendant si nous voulons rassembler au juste le nombre des décès, il faut ajouter (dit le même confrère) 45 décès à peu de choses près, aux 305 déjà signalés, afin d'embrasser dans le calcul les diagnostics faux de typhus, fièvre adynamiqne, etc. etc., institués dans le but mal imaginé de ne pas effrayer la population. Ainsi donc, nous pouvons compter, sans peur de nous tromper, 350 décès de fièvre jaune pendant l'épidémie 1890.«

2. Quelle était à-peu-près la population de Campinas alorsqu'on pratiquait les vaccinations?

Mr. Simoens m'a répondu dans ces termes: ,,La population de Campinas en temps normal monte à 20,000 habitants, mais la chose change en temps d'épidémie. Aussitôt que les premiers cas de fièvre jaune ont été annoncés (en Février), la fuite a commencé et la population s'est reduite aux $^3/_4$, c'est-à-dire à 15,000 approximativement. Plus tard elle est descendue jusqu' à 6000 ou 8000 personnes, à la fin de l'épidémie.

Au moment où nous avons commencé les vaccinations, il est probable que la population eût été de 12000 ou 10000 habitants".

3. Quel a été le taux pour cent de la morbilité?

„Je calcule (dit Mr. Simoens) que le nombre des individus atteints de fièvre jaune a été de 2000 à-peu-près, calcul que j'ai fait d'après les relevés suivants:

Par la lecture du rapport du Dr. Dutra, la commission médicale nommée par le gouvernement, la quelle a demeuré ici depuis le 20. Mars jusqu' au 31. Mai, a soigné 773 malades de fièvre jaune. Pour mon compte et celui de mes confrères Melchert et Euphrasio Cunha, nous avons soigné 600 malades de la même fièvre. D'un autre côté, je calcule que 400 malades de fièvre jaune ont été visités par les cliniciens de Campinas pendant les mois de Février et Mars. Au surplus, il faut considérer plus de cent personnes soignées par des guérisseurs, qui abondent à Campinas. La somme de tous ces chiffres donne par approximation 2000 individus à-peu-près atteints par le fléau."

En résumé, nous avons 350 décès de fièvre jaune sur 2000 personnes atteintes, la population de la ville étant de 10 à 12,000 au moment où les vaccinations ont été faites.

Ce qui fait une mortalité de $17^0/_0$, et une morbilité de $16^0/_0$ à $20^0/_0$ pour les non vaccinés.

Maintenant analysons les résultats des inoculations. Je crois que je ne saurais mieux faire que de reproduire textuellement le rapport de mon distingué confrère Mr. le Dr. Angelo Simoens, publié dans le Correio de Campinas, le 21. juin 1890. Ce journal rédigé par Mr. Henrique de Barcellos est un des plus recommandables de la ville. Voici le rapport de Mr. Simoens:

VACCIN FREIRIEN.

Prophylaxie de la fièvre jaune.

Voilà plusieurs jours écoulés où l'on n'observe plus un seul cas de fièvre jaune. Je l'ai attendu exprès, afin de présenter les résultats splendides de l'inoculation au moyen de la culture atténuée du microbe amarillogénique comme un moyen excellent de prophylaxie contre le typhus ictéröide.

Campinas, qui pour la deuxième fois a eu à lutter contre la fièvre jaune, et qui dans la première épidémie aussi bien que dans celle-ci, a su regarder l'ennemi avec cet audacieux héroïsme qui la caractérise dans les circonstances les plus graves, avec cette vertu inestimable des villes qui vivent de leur travail incessant, ne peut ni doit laisser inaperçus les résultats bienfaisants recueillis par le vaccin freirien.

Deux preuves consécutives ont démontré évidemment, il me semble, que l'inoculation préventive avec la culture du cryptocoque xanthogénique, a épargné des centaines de vies condamnées à l'affreux fauchage du terrible mal de Sion, en contribuant comme un facteur puissant pour diminuer la mortalité chez nous.

Tout le monde a entendu dire, même ceux qui ne s'occupent pas à observer, qu'aucun des vaccinés par la culture de Freire pendant l'épidémie de l'année dernière, n'a été atteint de fièvre jaune cette année, de même qu'il est connu généralement que parmi les vaccinés pendant l'épidémie qui vient de disparaître, on en trouve bien peu qui aient gardé le lit à cause de l'importun typhus ictèro-hémorrhagique.

En suivant de près tous les vaccinés avec le plus de soin possible, j'ai le plaisir de dire que j'ai constaté la vérité de ce que je viens d'avancer, constatation que j'ai due à l'obligeance des distingués confrères de la commission nommée par le gouvernement pour le service sanitaire et qui se sont mis en rapport avec moi.

J'ai déjà annoncé le résultat des vaccinations pendant l'épidémie de l'année dernière. Ces résultats, aussi que tout le monde le sait, ont été surprenants et ont surpassé l'expectative générale. J'ai tout publié sur ce même journal, dont les pages sont toujours à la disposition des sujets transcendants, comme celui dont je m'occupe.

En 1889, j'ai pratiqué l'inoculation préventive sur 651 personnes, dont 30 ont subi, malgré la vaccination, les symptômes de la fièvre jaune, trois cas étant suivis de mort, ce qui a donné pour les vaccinés une mortalité de 0,46 $^0/_0$, résultat plus qu'excellent, vu que dans la même époque la mortalité parmi les non vaccinés a été de 40$^0/_0$ à 50$^0/_0$.

Dans l'année courante, on a compté parmi les 215 vaccinés 27 atteints de fièvre jaune, dont 4 ont succombé, ainsi que j'ai fait remarquer dans la rélation que j'ai envoyée au savant maître Dr. Domingos Freire. Les inoculés qui sont morts ont eté: Augusto Basto Neves (pharmacien établi à la rue Direita), Cincinnato Sarmento (pharmacie à la rue Dr. Costa Aguiar), Luiz Henrique Pontes (employé au Correio de Campinas), et Pedro Leite Moraes (ouvrier à l'officine de Pedro Anderson, et mort au lazaret).

Donc le taux jour cent de la mortalité parmi les vaccinés a été de 1,8 $^0/_0$.

D'où l'on peut déduire que, bien que le taux pour cent dans l'épidémie de cette année n'ait pas été aussi remarquable que dans l'année dernière, néanmoins elle a été splendide, car cette année les inoculations ont été faites dans les périodes d'ascension et d'acme de l'épidémie, c'est-à-dire, dans les périodes de la plus grande gravité et du plus grand danger pour les sujets atteints du mal.

Le résultat remporté cette année a été, sans aucun doute, bien satisfaisant; surtout lorsque nous considérons que tandisque la mortalité parmi les vaccinés était de $1\,^0/_0$ environ, celle des **non vaccinés** est montée au dessus de $30\,^0/_0$.

Ainsi, si nous mettons de côté les statistiques de la clinique civile, manque de données complètes de la part des distingués confrères qui ont eu à soigner des malades de fièvre jaune, voyons ce qu'il s'est passé dans le lazaret du Fundao, le seul établissement ouvert cette année aux victimes du fléau.

Lá, où il se trouvait toutes les conditions hygiéniques à côté d'un personnel habile et complet, rien ne manquant pour le bon traitement des malades, la mortalité a été d'abord de $78\,^0/_0$ et est descendue plus tard (sous le direction du Dr. Archer de Castillo) à $30\,^0/_0$, d'après les affirmations du rapport présenté par ce distingué confrère au gouverneur de St. Paul.

En comparant ces statistiques, on voit clairement les avantages énormes de la vaccination comme moyen préventif du typhus ictéroïde.

Vu que l'épidémie de 1890 s'est tout-à-fait éteinte à l'heure qu'il est, je fais ces reflexions, en souhaitant le plus tôt possible le jour où le peuple accueillera avec toute confiance ce moyen prophylactique contre la fièvre jaune, le vaccin freirien, dont les résultats avantageux sont démontrés avec toute assurance.

Dr. Angelo Simoens — ".

Ainsi donc, Mr. Angelo Simoens affirme dans son rapport qu'aucun des vaccinés par notre culture pendant l'épidémie de l'année dernière n'a été atteint de fièvre jaune cette année (épidémie de 1890). Il est donc juste que nous tiennions compte dans nos calculs des 651 personnes vaccinées l'année dernière, afin d'ajouter au chiffre 215, vaccinés de l'année courante, ce qui donne le total de 866 vaccinations, avec un taux de mortalité de 0,46 pour cent à-peine. Or, ainsi que nous l'avons déjà démontré plus haut, la mortalité sur les 10 ou 12,000 personnes résidant à Campinas au temps où les inoculations ont été faites, est montée à 350, c'est-à-dire

$17^0/_0$. Le quotient $\dfrac{17}{0,46} = 36,9$, montre d'une manière évidente le succés des inoculations.

Donnons même que la troisième partie sur les 651 se soient absentés pendant la crise; nous devons faire le calcul sur $434 + 215 = 649$, ce qui donne un taux pour cent de mortalité de $0,61\ ^0/_0$ (quatre insuccés), résultat énormement favorable si l'on compare au chiffre $17^0/_0$, mortalité générale parmi les non vaccinés.

Toutes les données que nous venons de consigner sont authentiquées et garanties par les signatures suivantes:

Dr. Angelo Simoens, médecin-vaccinateur; Antonio Alvares Lobo, Président de l'Intendance municipale; chanoine Scipiao Ferreira Goulart Junqueira, curé vicaire; chanoine Joao Baptista Correia Nery, curé vicaire; José Rocha (rédacteur au Diario de Campinas); José Gonsalves Pinheiro (rédacteur au Correio de Campinas); Henrique de Barcellos (idem); Alfredo Pinheiro (idem à la Gazeta de Campinas).

Les signatures précédentes très respectables ont été authentiquées par la note suivante: Je reconnais comme vrai les signatures retro et suprà, ce dont je donne foi. Campinas, le 21. Juin 1890. En témoignage de la vérité, le 2.me notaire intérim Pedro de Magalhaes.

MIRACEMA.

Les vaccinations ont été faites dans cette localité par M. le Dr. Azevedo Monteiro, qui a bien voulu m'en remettre les résultats, qui sont les suivants:

Nombre des vaccinations 51.

NATIONALITÉ DES VACCINÉS.

Italien 1.   Brésiliens 50.

ÀGES.

Jusqu' à 10 ans 19; de 11 à 20 ans 9; de 21 à 30 ans 10; de 31 à 40 ans 10; de 41 à 50 ans 1; de 51 à 60 ans 2.

Parmi ces vaccinés il n'y a eu qu'un seul insuccés, dû à une imprudence de l'individu. En effet, voici ce que nous écrit M. le Dr. Azevedo Monteiro sur ce sujet:

„Chez A. B. Carreira, l'inoculation a produit ses effets locaux et généraux; mais le même jour de la manifestation des symptômes, il a voulu se dérober à la réaction en provoquant une diaphorèse abondante au moyen de l'alcool; il a mené une vie irregulière, et le 19. avril, après avoir passé la journée dans une partie de pêche, il a dîné à 8 heures du soir. Le lendemain il a été atteint de fièvre jaune, dont il a succombé le 26".

Ainsi que l'on voit, cet insuccés devant être attribué à un détournement de régime, nous pouvons regarder que l'immunité a été absolue à Miracema.

Outre les vaccinés ci-dessus cités, nous devons consigner trois personnes (une soeur et deux filles de Mr. le Dr. Azevedo Monteiro), qui ont été vaccinées en 1883 à Rio Janeiro, et ont traversé tout-à-fait immunes l'épidémie à Miracema).

Parfois on m'a posé cette question:

Quelle est la limite de l'immunité garantie par l'inoculation anti-amarille? D'après l'expérimentation, nous pouvons répondre aujourd'hui, que cette limite est au minimum de 7 ans, car l'immunité s'est confirmée entre tous les vaccinés depuis 1883 autant à Miracema qu'aux autres endroits.

Ajoutons que dans cette dernière localité, tous les vaccinés se sont exposés à l'épidémie, et il y en a eu qui ont servi d'infirmiers dévoués.

Parmi les vaccinés. ancun n'a été atteint de fièvre jaune, excepté le cas dont nous avons déjà parlé.

La statistique que nous venons de présenter est authentiquée par les signatures suivantes: Dr. Antonio de Azevedo Monteiro, médecin; Joacquin Pio Alvin e Silva, fermier et 1er. juge de paix; Frederico José Padilha, sous-délégué de police; Dr. Alfredo Octavio Domingues da Silva, médecin et intendant municipal.

La mortalité parmi les non-vaccinés a été de 12 personnes.

Nationalités des morts non-vaccinés:

Italiens 2; brésiliens 10.

Ages des morts non-vaccinés:

Jusqu'à 10 ans 2; de 11 à 20 ans 1; de 21 à 30 ans 8; de 31 à 40 ans 1.

Morbilité des non-vaccinés:

142 personnes non vaccinées sont tombées malades pendant l'épidémie de 1890 à Miracema, dont 4 Portugais, 11 Italiens, et 127 brésiliens.

Âges des personnes non vaccinées qui sont tombées malades:

Jusqu'à 10 ans . . . 39

11 à 20 ans 27

21 à 30 ,, ... 35

31 à 40 ,, ... 22

41 à 50 ,, ... 12

51 à 60 ,, ... 5

Au-dessus de 60 ans . 2

Somme 142

Or, d'après la communication de Mr. le Dr. A. Monteiro, la population de Miracema monte à peine à 561 habitants, population qui d'après le même confrère, serait à-peu-près celle qui a été exposée à l'influence épidémique. Donc, la quatrième partie de la population a été décimée par le fléau, et le taux pour cent de la mortalité a été de $8,4\,^0/_0$ sur les 142 atteints. Or, si 510 non vaccinés ont fourni 142 malades, 54 vaccinés, devaient en avoir fourni 15; nous avous vu que aucun d'eux n'a été atteint de la maladie, sauf le cas provoqué par une imprudence, où le moyen prophylactique n'a rien à voir. Ce qu'il faut considérer c'est que la mortalité parmi les non-inoculés est montée jusqu'à $8,4\,^0/_0$, tandisque celle parmi les inoculés a été nulle, ou bien de $1,7\,^0/_0$, dans le cas où l'on voudra prendre comme élément de calcul l'insuccès en question.

Remarquons que le taux pour cent que nous venons de prendre est parfaitement légitime, vu que la morbilité des vaccinés a été zéro; si aucune influence prophylactique n'était présente, la constitution épidémique devait avoir atteint au moins 15 personnes parmi les 54 vaccinés.

SYNOPSE DE TOUS LES RÉSULTATS PRÉCÉDENTS.

1. Mortalité:

à Rio Janeiro . . . 724

à Campinas . . . 350

à Miracema . . . 12

Total 1086

2. Vaccinations pratiquées:

à Rio Janeiro . . . 97
à Campinas . . . 215
à Miracema . . . 51

Total 363

Nombre des insuccés 5; taux pour cent $1^0/_0$.

RÉSUMÉ GÉNÉRAL.

Comprenant toutes les vaccinations pratiquées depuis 1883 jusqu'à 1890.

Vaccinations pratiquées de 1883 à 1884. . 418
,, ,, de 1884 à 1885. . 3.051
,, ,, de 1885 à 1886. . 3.473
,, ,, de 1888 à 1889. . 3.576
,, ,, de 1889 à 1890. . 363

Total 10.881

Le pour cent total des décès parmi ces 10.881 vaccinations est de 0,4 à peine.

Les vaccinations continuent à être faites gratuitement.

Les épidémies de fièvre jaune disparaîtront bientôt au Brésil. L'éxpérience à Rio Janeiro prouve que les cas de cette maladie dans les cités ouvrières (estalagens), autrefois si ravagées par le fléau, sont bien plus rares depuis qu'on y a propagé les inoculations préventives.

L'état sanitaire pendant la saison périlleuse y est relativement satisfaisant. Or, le microbe de la fièvre jaune, la cause qui la détermine, étant déjà découverte et pouvant donc être considérée comme une thèse parfaitement établie, nous sommes à même d'attaquer le mal de toutes les façons, soit en le prévenant au moyen des inoculations et des quarantaines, soit en le tuant sur place au moyen des desinfections rigoureusement faites. La crémation des cadavres est aussi indiquée.

Voilà notre prophétie, mais remarquons bien que ce sont les faits qui parlent pour elle et pour nous. Rappelons, pour terminer, que les mesures d'isolement et les desinfections ne suffisent pas pour empêcher les épidémies. Ces mesures ne sauraient entrer en parallèle avec la préservation acquise par les inoculations.

www.ingramcontent.com/pod-product-compliance
Ingram Content Group UK Ltd.
Pitfield, Milton Keynes, MK11 3LW, UK
UKHW020013130726
13694UKWH00005B/2268